by Adrian Harrison

INTRODUCTION TO FIRST ORDER EQUATIONS

January 2020

Copyright © 2020

All rights reserved. No part of this publication may be reproduced, distributed, or transmitted in any form or by any means, including photocopying, recording, or other electronic or mechanical methods, without the prior written permission of the publisher, except in the case of brief quotations embodied in critical reviews and certain other noncommercial uses permitted by copyright law. For permission requests, write to the publisher using address below.

delightfulbook@gmail.com

© 2020

Contents

First order equations 4
   Definition 4
PROPERTIES OF SOLUTION SET 9
TEST WITH SOLUTIONS 11
 QUESTIONS 17

First Order Equations

ax+b=0

$\Rightarrow ax = -b$

$\Rightarrow x = -\dfrac{b}{a}$

Definition

: Let $a \neq o$ and $ax + b = 0$, such expressions

are called first order equations

Solution set: $S.S = \left\{ -\dfrac{b}{a} \right\}$

(Example):

$\dfrac{x}{2} - 1 = \dfrac{x}{4} - 2 \quad \Rightarrow (SS) = ?$

A){-4} B){-3} C){-2} D){-1}
E){0}

(Solution):

$\dfrac{x}{2} - 1 = \dfrac{x}{4} - 2$

$\dfrac{x}{2} - \dfrac{x}{4} = 1 - 2$

$\dfrac{2x}{4} - \dfrac{x}{4} = -1$

$\dfrac{x}{4} = -1$

X=-4 ⇒ $C = \{-2\}$

Answer A

(Example):

$$\frac{3}{\frac{x}{2}+1} - \frac{4}{\frac{x}{2}-1} = 0 \Rightarrow (SS) = ?$$

A){-16}   B){-14}   C){-8}   D){4}
E){12}

(Solution):

$$\frac{3}{\frac{x}{2}+1} - \frac{4}{\frac{x}{2}-1} = 0$$

$$\frac{3}{\frac{x}{2}+1} = \frac{4}{\frac{x}{2}-1}$$

$$3(\frac{x}{2} - 1) = 4(\frac{x}{2} + 1)$$

$$\frac{3x}{2} - 3 = \frac{4x}{2} + 4$$

$$\frac{3x}{2} - \frac{4x}{2} = +3 + 4$$

$$\frac{-x}{2} = 7$$

-x=14

x=-14 ⇒ $(SS) = \{-14\}$

Answer B

(Example):

$$\frac{x}{\frac{1}{2}+1}+1=\frac{3x+1}{3} \Rightarrow (SS)=?$$

A){-2}　　　　B){-1}　　　　C){0}　　　　D){1}
E){2}

(Solution):

$$\frac{x}{\frac{1}{2}+1}+1=\frac{3x+1}{3}$$

$$\frac{x}{\frac{3}{2}}+1=\frac{3x}{3}+\frac{1}{3}$$

$$\frac{2x}{3}-\frac{3x}{3}=-1+\frac{1}{3}$$

$$\frac{-x}{3}=\frac{-2}{3}$$

X=2　⇒　(SS) = {2}

-Answer E

$\left.\begin{array}{l}a_1x+b_1y=c_1 \\ a_2x+b_2y=c_2\end{array}\right\}$ These are called equation systems.

(Example):

$$\left.\begin{array}{l}\dfrac{x+y-5}{5}=\dfrac{3}{2}\\[6pt]\dfrac{x-y+4}{4}=\dfrac{7}{5}\end{array}\right\} \Rightarrow x=?$$

A) $\dfrac{125}{17}$ B) $\dfrac{123}{23}$ C) 7 D) $\dfrac{141}{20}$

E) 9

(Solution):

$\dfrac{x+y-5}{5}=\dfrac{3}{2} \Rightarrow 2x+2y-10=15 \Rightarrow 5/2x+2y=25$

$\dfrac{x-y+4}{4}=\dfrac{7}{5} \Rightarrow 5x-5y+20=28 \Rightarrow 2/5x-5y=8$

....

10x+10y=125

+ 10x−10y=16

....

20x=141

X= $\dfrac{141}{20}$

-Answer D

(Example):

$\left.\begin{array}{l}2x+y=1\\5x-6y=-28\end{array}\right\} \Rightarrow (SS)=?$

A){(-2,3)}   B){(-1,4)}   C){(2,3)}

D){(-2,4)}   E){(1,-3)}

(Solution):

2x+y=-1

Y=-1-2x

5x-6(-1-2x)=-28

5x+6+12x=-28

17x=-34

X=-2

2.(-2)+y=-1

Y=3

(SS)={(-2,3)}

-Answer A

(Example):

$$\left.\begin{array}{r}x-\dfrac{y}{3}=10\\ \dfrac{x}{3}+\dfrac{y}{4}=-1\end{array}\right\}\Rightarrow(SS)=?$$

A){(-1,6)} B){(-2,4)} C){(2,3)} D){(6,-12)} E){(-6,8)}

(Solution):

$$x-\dfrac{y}{3}=10\Rightarrow x=10+\dfrac{y}{3}$$

$$\dfrac{1}{3}.x+\dfrac{y}{4}=-1\Rightarrow\dfrac{1}{3}.\left(10+\dfrac{y}{3}\right)+\dfrac{y}{4}=-1$$

$$\frac{10}{3}+\frac{y}{9}+\frac{y}{4}=-1$$

$$\frac{13y}{36}=-1-\frac{10}{3}$$

$$\frac{13y}{36}=\frac{-13}{3}$$

$$Y=\frac{-13}{3}\cdot\frac{36}{13}$$

Y=-12

$$x-\frac{(-2)}{3}=10$$

X=6

(SS)={(6,12)}

PROPERTIES OF SOLUTION SET

1. $\dfrac{a_1}{a_2} \neq \dfrac{b_1}{b_2} \neq \dfrac{c_1}{c_2}$,then the solution set has one member.

(Example):

$\left.\begin{array}{l}3x + 5y = 29 \\ 2x - 3y = -6\end{array}\right\} \Rightarrow (SS) = ?$

A){(1,2)}　　　　B){(2,3)}　　　　C){(3,4)}
D){(2,4)}　　　　E({(1,3)}

(Solution):

3/3x + 5y = 29

5/2x − 3y = − 6

....

　9x + 15y = 87

+10x−15y=30

....

　　19x=57

　　　X=3

⇒2.3 − 3y = − 6

　　　−3y=−12

　　　Y=4

(SS)={(3,4)}

　　　　-Answer C

2. $\dfrac{a_1}{a_2} = \dfrac{b_1}{b_2} \neq \dfrac{c_1}{c_2}$ then the solution set is an empty set.

(Example):

$$\left.\begin{array}{r}2x - 3y = 6 \\ -x + \dfrac{3}{2}y = -12\end{array}\right\} \Rightarrow (SS) = ?$$

A){(1,2)} B){(-1,2)} C){(2,5)} D)R
E)∅

(Solution):

$$\dfrac{2}{-1} = \dfrac{-3}{\dfrac{3}{2}} \neq \dfrac{6}{-12} \Rightarrow (SS) = \emptyset$$

-Answer E

3. $\dfrac{a_1}{a_2} = \dfrac{b_1}{b_2} = \dfrac{c_1}{c_2}$ then the solution set has infinite number of members

(Example):

$$\left.\begin{array}{r}6x - 3y = -6 \\ 4x - 2y = -4\end{array}\right\} \Rightarrow (SS) = ?$$

A){(-2,2)} B){(-3,3)} C){(1,5)} D)R
E)∅

(Solution):

$$\dfrac{6}{4} = \dfrac{-3}{-2} = \dfrac{-6}{-4} \Rightarrow$$

Solution set has infinite number of elements.

TEST WITH SOLUTIONS

1. $x - (2 - x).(4 + x) = - (2 - x).(2 + x) \Rightarrow x = ?$

A) -4　　　　B) -3　　　　C) $\dfrac{1}{4}$　　　　D) $\dfrac{4}{3}$　　　　E) 2

(Solution):

x-(2-x).(4+x)=-(2-x).(2+x)

x-(8+2x-4x+x^2) =- $(4 + 2x - 2x - x^2)$

$x - 8 + 2x + x^2 = - 4 + x^2$

3x-8=-4

3x=4

X=$\dfrac{4}{3}$

-Answer D

2. $3.(x - 1) = (x - 3) + 2x \Rightarrow (SS) = ?$

A) ∅　　　　B) {0}　　　　C) {1}　　　　D) {2}　　　　E) R

(Solution):

3.(x-1)=(x-3)+2x

3x-3=x-3+2x

3x-3=3x-3

0=0

(SS)=R

-Answer E

3. $3ax-b=bx-3a \Rightarrow x = ?$

A) $-a$ B) -1 C) 1 D) $\dfrac{3}{2}$ E) a

(Solution):

$3ax-b=bx-3a$

$3ax-bx=b-3a$

$$\Rightarrow x = \frac{(3a-b)}{3a-b}$$

$$= \frac{b-3a}{3a-b}$$

$$= \frac{-(3a-b)}{3a-b}$$

$$= -1$$

-Answer B

14. $\left. \begin{array}{l} 5^b : 3^a = 30 \\ 3^a : 4 = \dfrac{1}{24} \end{array} \right\} \Rightarrow b = ?$

A) 1 B) 2 C) 3 D) 4 E) 5

(Solution):

$\dfrac{3^a}{4} = \dfrac{1}{24} \Rightarrow 3^a = \dfrac{1}{6}$

$5^b \cdot \dfrac{1}{6} = 30 \Rightarrow 5^b \cdot 6 = 30$

$5^b = 5 \Rightarrow b = 1$

-Answer A

15. $y - 2[y - 2.[y - 2.(y - 2)]] = 21 \Rightarrow y = ?$

A) -2   B) -1   C) 0   D) 1   E) 2

(Solution):

$y - 2[y - 2[y - 2.(y - 2)]] = 21$

$y - 2\{y - 2.[y - 2y + 4]\} = 21$

y-2.(y-2(-y+4))=21

y-2.(y+2y-8)=21

y-2.(3y-8)=21

-5y=21-16

-5y=5 $\Rightarrow y = -1$

-Answer B

16. $\dfrac{a-2}{3} - 0.4 \cdot \dfrac{(a-1)}{3} = \dfrac{2}{3} \Rightarrow a = ?$

A) 6   B) 7   C) 8   D) 26   E) 32

(Solution): $\dfrac{a-2}{3} - \dfrac{4}{10} \cdot \dfrac{a-1}{3} = \dfrac{2}{3}$

$\dfrac{5a - 10 - 2(a-1)}{15} = \dfrac{2}{3}$

$\dfrac{5a - 10 - 2a + 2}{15} = \dfrac{2}{3}$

$\dfrac{3a - 8}{15} = \dfrac{2}{3}$

9a-24=30

9a=54 $\Rightarrow a = 6$

-Answer A

17. $\left.\begin{array}{l} a - b = 2 \\ c - d = 4 \\ a + c = 10 \end{array}\right\} \Rightarrow a + b + c + d = ?$

A)10　　　B)11　　　C)12　　　D)13　　　E)14

(Solution):

$\left.\begin{array}{l} a - b = 2 \\ c - d = 4 \\ a + c = 10 \end{array}\right\}$

$a + c = 10$　　　　　　　　$a+c=10$

$- 1/a \ a - b = 2$　　　　　$- 1/c - d = 4$

....　　..............................

a+c=10　　　　　　　　　　a+c=10

-a+b=-2　　　　　　　　　　-c+d=-4

....　　..............................

b+c=8　　　　　　　　　　a+d=6

a+b+c+d=6+8

=14

Yanit-

Answer E

18. $\left.\begin{array}{l} 2x = 3y \\ \dfrac{x}{3} + 2y = 10 \end{array}\right\} \Rightarrow y = ?$

A)1　　　B)2　　　C)4　　　D)6　　　E)8

(Solution):

2x=3y

2x-3y=0

$$\frac{x}{3} + 2y = 10$$

$$\frac{x+6y}{3} = \frac{10}{1}$$

X+6y=30

$$\frac{2/2x - 3y = 0}{-4\ \diagup\!\!\!\begin{array}{c} x+6y=30 \\ 4x-6y=0 \end{array}}$$
$$5x = 30$$

X=6 ⇒ 206 = 3y ⇒ y = 4

   -Answer C

19. $\dfrac{x-1}{2} + \dfrac{x+1}{4} = 2x - \dfrac{x-1}{4} \Rightarrow x = ?$

A) $-\dfrac{1}{2}$ B) $-\dfrac{1}{3}$ C) $\dfrac{1}{4}$ D) $\dfrac{1}{3}$

E) $\dfrac{1}{2}$

(Solution):

$$\underset{(2)}{\dfrac{x-1}{2}} + \underset{(1)}{\dfrac{x+1}{4}} = \underset{(4)}{\dfrac{2x}{1}} - \underset{(1)}{\dfrac{x-1}{4}}$$

$$\dfrac{2x-2+x+1}{4} = \dfrac{8x-x+1}{4}$$

$$\frac{3x-1}{4} = \frac{7x+1}{4}$$

$3x - 7x = 1 + 1$

-4x=2

$x = -\frac{2}{4}$

$x = -\frac{1}{2}$

-Answer A

20. $\left.\begin{array}{r}3x - 5y + 2z = -11 \\ 6x - 2y + 5z = 7\end{array}\right\} \Rightarrow x + y + z = ?$

A)1   B)2   C)3   D)4   E)6

(Solution):

$-1/3x - 5y + 2z = -11$

$6x - 2y + 5z = 7$

$\overline{-3x + 5y - 2z = 11}$

$+6x - 2y + 5z = 7$

$\overline{3x + 3y + 3z = 18}$

3.(x+y+z)=18

X+y+z=6

Answer E

21. $\left.\begin{array}{r}a + b = 14 \\ b + c = 12 \\ a + c = 16\end{array}\right\} \Rightarrow 2a + b - c = ?$

A)12   B)13   C)14   D)15   E)16

(Solution):

a+b=14

b+c=12

$$\frac{-1/a + c = 16}{2b = 10}$$

b=5 $\Rightarrow a = 9 \Rightarrow c = 7$

2.(9)+5-7=16

-Answer E

QUESTIONS

1. $f(x) = \dfrac{2}{x-2} - \dfrac{1}{3}$, $f(x_1) = 0 \Rightarrow x_1 = ?$

A) 8   B) 6   C) 4   D) 3   E) 1

(Solution):

$f(x) = \dfrac{2}{x-2} - \dfrac{1}{3}$

$f(x_1) = \dfrac{2}{x_1-2} - \dfrac{1}{3} = 0, \dfrac{2}{x_1-2} = \dfrac{1}{3} \Rightarrow x_1 - 2 = 6$

$x_1 = 8$

2. $\left.\begin{array}{l} a+b=2 \\ b+c=\dfrac{5}{4} \\ a+c=\dfrac{9}{4} \end{array}\right\} \Rightarrow \dfrac{c}{a} = ?$

A) $\dfrac{3}{2}$ B) $\dfrac{4}{3}$ C) $\dfrac{5}{2}$ D) $\dfrac{2}{3}$

E) $\dfrac{1}{2}$

(Solution):

a+b=2

b+c=$\dfrac{5}{4}$

a+c=$\dfrac{9}{4}$

\+

....

$$\frac{2}{1} + \frac{5}{4} + \frac{9}{4}$$
2a+2b+2c=(4) (1) (1)

2.(a+b+c)= $\frac{22}{4}$

$$\frac{a+b+c}{2} = \frac{11}{4}$$

2+c= $\frac{11}{4}$ ⇒ $c = \frac{11}{4} - 2 = \frac{3}{4}$

a+c= $\frac{9}{4}$

a+ $\frac{3}{4}$ = $\frac{9}{4}$ ⇒ $a = \frac{6}{4}$

$\frac{c}{a} = \frac{\frac{3}{4}}{\frac{6}{4}}$ ⇒ $\frac{c}{a} = \frac{3}{4} \cdot \frac{4}{6}$

$\frac{c}{a} = \frac{1}{2}$

3. $f(x) = x^2 - ax + a - b, f(2) = 0, f(3) = 2 \Rightarrow b = ?$

A)-2   B)-1   C)0   D)1   E)2

(Solution):

$f(x) = x^2 - ax + a - b$

$f(2) = 2^2 - 2a + a - b$

$f(2) = 4 - a - b \Rightarrow 4 - a - b = 0 \Rightarrow a + b = 4$

$f(3) = 3^2 - 3a + a - b = 2 \Rightarrow 9 - 2a - b = 2$

$\Rightarrow 2a + b = 7$

$-a - b = 4$
$+ 2a + b = 7$
$\overline{\quad a = 3 \quad}$

b=1

4. $\left.\begin{array}{l} 5 - x = y \\ 2x - 6y = 2 \end{array}\right\} \Rightarrow (x,y) = ?$

A){-3,8}   B){-3,1}   C) (4,1)   D) (4,8)
E) (9,-4)

(Solution):

5-x=y $\Rightarrow$ $x + y = 5$

2x-6y=2 $\Rightarrow$ $\dfrac{-1/x - 3y = 1}{x + y = 5}$

$\dfrac{+ \qquad -x + 3y = -1}{4y = 4}$

Y=1

X=4

(1,4)

22

5. $\dfrac{3}{b} = \dfrac{5}{d}\dfrac{3}{4}.d = \dfrac{5}{4}.b + c - 1 \Rightarrow c = ?$

A) 0   B) 1   C) 2   D) 3   E) 4

(Solution):

$\dfrac{3}{b} = \dfrac{5}{d} \Rightarrow 3d = 5b \Rightarrow 3d - 5b = 0$

$\dfrac{3}{4}d = \dfrac{5}{4}b + c - 1$

$\dfrac{3d}{4} - \dfrac{5b}{4} = c - 1$

$\dfrac{3d - 5b}{4} = c - 1$

$\dfrac{0}{4} = c - 1$

0 = c - 1

C = 1

6. $\left. \begin{array}{l} 2x + y = z \\ x + y + z = 12 \\ x + z = 3y \end{array} \right\} \Rightarrow z = ?$

A) 3   B) 4   C) 5   D) 6   E) 7

(Solution):

X+z=3y

X+z+y=12

3y+y=12

Y=3

2x+y=z   ⇒ $2x - z = -3$
              $\underline{x + z = 9}$
2x+3=z $3x = 6$

              3x=6

              X=2, z=7

7. $\left.\begin{array}{l} K + 2L + M = 6 \\ 2K - L + 2M = 7 \end{array}\right\} \Rightarrow K + L + M = ?$

A)1   B)2   C)3   D)4   E)5

(Solution):

$-2 \left/ \begin{array}{l} K + 2L + M = 6 \\ 2K - L + 2M = 7 \end{array} \right. \right\} \Rightarrow -2K - 4L - 2M = -12$

$+ \quad \underline{2K - L + 2M = 7}$
$\qquad\qquad -5L = -5$
$\qquad\qquad L = 1$

K+2.1+M=6 ⇒ $K + M = 4$

              K+L+M=5

8. f(x)=ax+b, f(1)=-2, f(2)=1 ⇒ $f(3) = ?$

A)1   B)2   C)3   D)4   E)5

(Solution):

f(x)=ax+b

f(1)=a+b=-2 ⇒ $-1/a + b = -2$

$\Rightarrow \dfrac{2a + b = 1}{\begin{array}{l} -a - b = 2 \\ 2a + b = 1 \end{array}}$

f(2)=2a+b=1 $a = 3$

a=3

b=-5

f(3)=3.3-5

f(3)=4

9. $x > 0, \dfrac{\frac{1}{x}}{3} + \dfrac{\frac{1}{3}}{x} = \dfrac{x}{6} \Rightarrow x = ?$

A)1   B)2   C)3   D)4   E)5

(Solution):

$\dfrac{\frac{1}{x}}{3} + \dfrac{\frac{1}{3}}{x} = \dfrac{x}{6}$

$3x^2 = 12 \Rightarrow x^2 = 4 \Rightarrow x = \pm 2, x = 2$

10. $\dfrac{\frac{2}{1}}{x} - \dfrac{\frac{1}{2}}{x} = 6 \Rightarrow x = ?$

A)6   B)5   C)4   D)3   E)2

(Solution):

$\dfrac{\frac{2}{1}}{x} - \dfrac{\frac{1}{2}}{x} = 6$

$\underset{(2)}{\dfrac{2x}{1}} - \underset{(1)}{\dfrac{x}{2}} = 6 \Rightarrow \dfrac{3x}{2} = 6$

3x=12

X=4

11. $\dfrac{x}{2} - \dfrac{x-1}{4} = 1 \Rightarrow x = ?$

A)1   B)2   C)3   D)4   E)5

(Solution):

$\dfrac{x}{2} - \dfrac{x-1}{4} = 1$

(2)

$\dfrac{2x - x + 1}{4} = 1 \Rightarrow \dfrac{x+1}{4} = 1$

X+1=4

X=3

12. $0 < a, 0 < b, 0 < c,\quad \dfrac{b}{a} = \dfrac{1}{3}, \dfrac{a}{c} = \dfrac{2}{3}$

a+b+c=34 $\Rightarrow a = ?$

A)8   B)10   C)12   D)14   E)16

(Solution):

$\dfrac{b}{a} = \dfrac{1}{3} \Rightarrow b = \dfrac{a}{3}$

$\dfrac{a}{c} = \dfrac{2}{3} \Rightarrow c = \dfrac{3a}{2}$

a+b+c=34

$\dfrac{a}{1} + \dfrac{a}{3} + \dfrac{3a}{2} = 34$

(6)   (2)   (3)

$$\frac{6a}{6}+\frac{2a}{6}+\frac{9a}{6}=34$$

$$\frac{17a}{6}=\frac{34}{1}$$

17.a=34.6

a=12

13. $K > 0, x = 2K, y = 3K, z = 4K,$

X+y+z=360 $\Rightarrow z = ?$

A)180 B)160 C)120 D)80 E)60

(Solution):

X+y+z=360

2K+3K+4K=360

$$\frac{9k}{9}=\frac{360}{9}$$

K=40, z=4.K, z=4.40=160

14. $\left.\begin{array}{l}x - 0.2y = 0.2\\ 2x - y = -20\end{array}\right\} \Rightarrow x + y = ?$

A)21 B)29 C)41 D)48 E)51

(Solution):

$-5/x - 0.2y = 0.2$

$\underline{2x - y = -20}$

$-5x + y = -1$

$\underline{2x - y = -20}$

$-3x = -21$

X=7

Y=34, x+y=7+34

$\qquad$ =41

15. $\left.\begin{array}{l}2a+b=10\\a+2c=14\\b+c=7\end{array}\right\} \Rightarrow ?<?<?$

A) $b<a<c$ B) $b<c<a$ C) $a<b<c$

D) $a<c<b$ D) $c<a<b$

(Solution):

2a+b=10

$\dfrac{-b-c=-7}{2a-c=3}$

a+2c=14

$\dfrac{4a-2c=6}{5a=20}$

a=4, b=2, c=5, $b<a<c$

16. $0.003 = \dfrac{1}{100}.k \Rightarrow k = ?$

A) $\dfrac{3}{10}$ B) $\dfrac{3}{100}$ C) $\dfrac{3}{20}$ D) $\dfrac{1}{30}$ E) 30

(Solution):

K=0.003.100

K=0.3=$\dfrac{3}{10}$

17. $(3x-1)^2 = 9x^2 + 13 \Rightarrow x = ?$

A)3   B)2   C)-3   D)-2   E)$-\dfrac{1}{2}$

(Solution):

$9x^2 - 6x + 1 = 9x^2 + 13$

-6x+1=13

-6x=12

X=-2

18. $2^{x+4} + 2^{x+1} + 2^x = 304 \Rightarrow x = ?$

A)3   B)4   C)5   D)6   E)7

(Soution):

$2^{x+4} + 2^{x+1} + 2^x = 304$

$2^x \cdot 2^4 + 2^x \cdot 2 + 2^x = 304$

$2^x(16 + 2 + 1) = 304$

$2^x \cdot 19 = 304$

$2^x = 16$

$2^x = 2^4$

X=4

19. $\dfrac{5}{5^{-x-5}} = 10 \Rightarrow x = ?$

A)1   B)2   C)3   D)4   E)6

(Solution):

$$\frac{5}{5 \cdot x - 5} = 10$$

$$\frac{5}{\underset{(x-5)}{1}} - \frac{5}{\underset{(1)}{x-5}} = 10$$

$$\frac{5x - 25 - 5}{x - 5} = 10$$

$$\frac{5x - 10}{x - 5} = 10$$

5x−30=10x−50

20=5x

4=x

1. $\frac{3x}{2} - \frac{2x}{5} = 6\left(\frac{4x}{5} - 1\right) \Rightarrow (SS) = ?$

A) $\{\frac{1}{2}\}$ B) $\{\frac{48}{11}\}$ C) $\{\frac{37}{60}\}$ D) $\emptyset$ E) $\{\frac{60}{37}\}$

2. $\left(2 - \frac{a+1}{a-1}\right) : 2 = \frac{1}{3} \Rightarrow a = ?$

A) $\frac{3}{2}$ B) 4 C) 5 D) 6 E) 7

3. $\left.\begin{array}{l} 3a + 4b = 5c \\ 4a + 3b = 4c \\ a + b = 27 \end{array}\right\} \Rightarrow c = ?$

A) 91 B) 24 C) 23 D) 22 E) 21

4. $\left.\begin{array}{r}2a+b=16\\a+c=6\\b-c=8\end{array}\right\} \Rightarrow 4a+4b-2c=?$

A) 48   B) 49   C) 51   D) 54   E) 56

5. $\cfrac{1}{1+\cfrac{1}{3}{\Large/}\left(1+\cfrac{2}{x}\right)} = \cfrac{3}{2} \Rightarrow x=?$

A) -4   B) -2   C) 0   D) 3   E) 4

6. $\left.\begin{array}{r}x+y=3\\y+z=4\\z+x=7\end{array}\right\} \Rightarrow x+y+z=?$

A) 1   B) 3   C) 4   D) 6   E) 7

7. $\cfrac{1-\cfrac{x}{1+\cfrac{3}{3}}}{3} = \cfrac{1}{3} \Rightarrow x=?$

A) 1   B) 2   C) 3   D) 4   E) 6

8. $\cfrac{2}{x} : \cfrac{4}{3} = 4x \Rightarrow x=?$

A) $\frac{1}{2}$ B) $-\frac{1}{3}$ C) $\frac{1}{3}$ D) $-\frac{1}{6}$ E) 6

9. $\dfrac{1-3x}{2} - \dfrac{x-2}{3} = 1 \Rightarrow x = ?$

A) $\frac{1}{2}$ B) $\frac{1}{11}$ C) $\frac{11}{7}$ D) 18   E) 21

10. $2x + \dfrac{1}{3}(x-3) = 6 \Rightarrow x = ?$

A) 3   B) 10   C) 18   D) 21   E) $\frac{6}{7}$

11. $a \neq b$

$\dfrac{2}{3a+a} = 3b + \dfrac{2}{b} \Rightarrow a \cdot b = ?$

A) 2   B) 3   C) $\frac{2}{3}$ D) $\frac{4}{9}$ E) 12

12. $\dfrac{1}{1 - \dfrac{2}{x - \dfrac{2}{3}}} = 2 \Rightarrow x = ?$

A) $-\frac{1}{2}$ B) $-\frac{1}{3}$ C) $\frac{1}{3}$ D) 6   E) 9

13. $\dfrac{b(x-a)}{2} - \dfrac{a(x-2b)}{4} = \dfrac{ab}{4} \Rightarrow x = ?$

A) $\dfrac{2b-2a}{ab}$ B) $\dfrac{ab}{2b-a}$ C) $\dfrac{ab-1}{a+b}$ D) $\dfrac{2b}{a-b}$ E) $\dfrac{a+b}{a-b}$

14. $\left.\begin{array}{r} 2a - b + 3c = 6 \\ a + 2b + c = 4 \\ 2a + 4b + c = 10 \end{array}\right\} \Rightarrow a + b + c = ?$

A) 1   B) 4   C) 16   D) 20   E) 24

15. $\dfrac{2x-2}{3} = \dfrac{b+x}{4} \Rightarrow x = ?$

A) $\dfrac{2b+4}{3}$ B) $\dfrac{3b+8}{5}$ C) $\dfrac{11b-8}{3}$ D) $\dfrac{8-11b}{5}$ E) $\dfrac{5b-8}{3}$

16. $\dfrac{2011 \cdot x - 2030}{2030 - 2011 \cdot x} = \dfrac{x-7}{2x+1} \Rightarrow x = ?$

A) 0   B) 1   C) 2   D) 2000   E) 2019

17. $\dfrac{x}{a} + \dfrac{x}{b} = \dfrac{b}{x} + \dfrac{a}{x} \Rightarrow x = ?$

A) $\dfrac{a}{b}$ B) a^2b C) ab D) $\sqrt{ab}$ E) $\sqrt{\dfrac{a}{b}}$

18. $\left(2 - \dfrac{a+3}{a-2}\right) = 3 \Rightarrow a = ?$

A) $-\dfrac{1}{2}$ B) $\dfrac{3}{4}$ C) 5 D) 6 E) $\dfrac{7}{3}$

19. $a \neq 0$

$a(4-2x) = -2(ab+ax) \Rightarrow b = ?$

A) 0 B) 1 C) -2 D) 4 E) 8

20. $\left.\begin{array}{r} 2ax + 2by = 17 \\ 4ax - 2by = 19 \\ x = y = 3 \end{array}\right\} \Rightarrow a - b = ?$

A) $\dfrac{7}{6}$ B) $\dfrac{-4}{3}$ C) $\dfrac{10}{3}$ D) 8 E) 18

21. $\left.\begin{array}{r} a+b-c+d = 3 \\ 2a+3c+2d+b = 6 \\ 3a+4b+4c+3d = 9 \end{array}\right\} \Rightarrow a+b+c+d = ?$

A) 2 B) 3 C) 12 D) $\dfrac{9}{2}$ E) 4

22.

+	a	b	c
a		9	
b			10
c	11		

$\Rightarrow a - b + c = ?$

A)7   B)9   C)10   D)11   E)12

23. $\left.\begin{array}{l} x^2.y = 6 \\ y^2.z = 12 \\ z^2.x = 3 \end{array}\right\} \Rightarrow x.y.z = ?$

A)3   B)4   C)6   D)36   E)21

(Answers)						
1.E	2.E	3.E	4.A	5.A	6.E	
7.C	8.D	9.B	10.E	11.C	12.B	
13.B	14.B	15.B	16.C	17.D	18.A	
19.C	20.A	21.B	22.A	23.C		

1. $\dfrac{a - \dfrac{1}{a}}{2 - \dfrac{2}{a}} = \dfrac{2a-4}{4} \Rightarrow (SS) = ?$

A){4}   B){2}   C){-2}   D){-4}   E)∅

2. $\dfrac{a+2}{a-1} - \dfrac{2-a}{1-a} = 1 \Rightarrow a = ?$

A)5   B)3   C)2   D)1   E)0

3. $\dfrac{3x+2}{4} - \dfrac{4x-3}{4} = 2 \Rightarrow x = ?$

A)-3   B)$\dfrac{1}{3}$ C)3   D)1   E)$\dfrac{1}{2}$

4. $(x+a)(x-a) = 2x^2 - (x-a)^2, a \neq 0 \Rightarrow x = ?$

A)a   B)-a   C)0   D)$\dfrac{a}{2}$ E)-$\dfrac{a}{3}$

5. $\dfrac{x-1}{2} + \dfrac{x+1}{4} = 2x - \dfrac{x-1}{4} \Rightarrow x = ?$

A)$\dfrac{1}{3}$ B)$\dfrac{1}{2}$ C)-$\dfrac{1}{3}$ D)-$\dfrac{1}{2}$ E)$\dfrac{1}{4}$

6. $\dfrac{2}{2+\dfrac{2}{2+\dfrac{2}{x}}} = 2 \Rightarrow x = ?$

A) 0 B) 1 C) $-\dfrac{1}{2}$ D) -2 E) $\dfrac{1}{2}$

7. $12-2a-6\sqrt{2} + \dfrac{a}{6} + 2a - 12 + 5\sqrt{2} = 0 \Rightarrow a = ?$

A) $6\sqrt{2}$ B) 2 C) 0 D) 12 E) 8

8. $0.2+3=x+\dfrac{1}{3} \Rightarrow x = ?$

A) -2 B) 0 C) 2 D) $\dfrac{24}{7}$ E) $\dfrac{13}{3}$

9. $\dfrac{0}{x-1} - \dfrac{1}{x+1} = \dfrac{1}{x} - \dfrac{1}{x+2} \Rightarrow x = ?$

A) 1 B) $\dfrac{1}{2}$ C) 0 D) -1 E) $-\dfrac{1}{2}$

10. $\dfrac{0.2x - 0.1}{x - 0.8} = 0.1 \Rightarrow x = ?$

A) $-\dfrac{5}{3}$ B) $-\dfrac{3}{5}$ C) 0 D) $\dfrac{1}{5}$ E) $\dfrac{3}{5}$

11. $\dfrac{1}{a}+\dfrac{1}{x}=\dfrac{1}{b} \Rightarrow x = ?$

A)0　　B)ab　　C)$\dfrac{1}{ab}$　　D)$\dfrac{ab}{a-b}$　　E)a+b

12. $(2-x)^2 = x(x-2) \Rightarrow x = ?$

A)-2　　B)0　　C)2　　D)4　　E)5

13. $2^{x-1}.5^{x+1} = \left(\dfrac{1}{5}\right)^{-2} \Rightarrow x = ?$

A)-3　　B)-1　　C)0　　D)1　　E)2

14. $2^x + 3.2^x + 2^{x+2} = 64 \Rightarrow x = ?$

A)1　　B)2　　C)3　　D)4　　E)$\dfrac{1}{2}$

15. $3^{x-2} + \sqrt{9^{x-2}} = \dfrac{2}{27} \Rightarrow x = ?$

A)-2　　B)-1　　C)2　　D)3　　E)$\dfrac{1}{3}$

16. $\dfrac{4.8}{0.x} + \dfrac{1.2}{20} = 4.08 \Rightarrow x = ?$

A) 16   B) 14   C) 12   D) 8   E) 4

17. $1 + \dfrac{1}{1 - \dfrac{x}{x+1}} = 4 \Rightarrow x = ?$

A) 2   B) 3   C) 4   D) 5   E) 6

18. $3^x \cdot \sqrt[3]{3} = 9\sqrt{3} \Rightarrow x = ?$

A) $\dfrac{1}{2}$ B) $\dfrac{1}{3}$ C) $\dfrac{1}{9}$ D) $\dfrac{13}{6}$ E) $\dfrac{11}{2}$

19. $\dfrac{\dfrac{1}{2} - x}{1 - x} = 0.1 \Rightarrow x = ?$

A) $\dfrac{1}{2}$ B) $\dfrac{4}{9}$ C) 1   D) 2   E) $\dfrac{9}{4}$

20. $-2^{-2} + 2^{-1} = 2^{-x+2} \Rightarrow x = ?$

A) 1   B) 2   C) 3   D) 4   E) 5

21. $\dfrac{a+\dfrac{b}{c}}{c+\dfrac{b}{a}} = ax \Rightarrow x = ?$

A) $\dfrac{1}{a}$ B) $\dfrac{1}{b}$ C) $\dfrac{1}{c}$ D) a   E) c

22. $\dfrac{a+b}{a-b} = \dfrac{x}{b-a} \Rightarrow x = ?$

A) a+b   B) -1   C) $a^2 - b^2$ D) a-b   E) -a-b

23. $(0.4).x = 5 \Rightarrow (1.44).x = ?$

A) 5.055   B) 0.55   C) 16   D) 32   E) 18

24. $\dfrac{x!}{x^2 - 3x} = \dfrac{(x-1)!}{13} \Rightarrow x = ?$

A) 10   B) 13   C) 16   D) 19   E) 22

(Answers)							
1.E	2.A	3.A	4.C	5.D	6.C		
7.A	8.A	9.E	10.D	11.D	12.C		
13.D	14.C	15.B	16.A	17.C	18.D		
19.B	20.D	21.C	22.E	23.E	24.C		

1. $(1.1)^2 - (0.1)^2 = 0.2.x \Rightarrow x = ?$

A)1　　B)2　　C)3　　D)4　　E)5

2. $x.\sqrt[3]{0.027} = \frac{1}{3} \Rightarrow x = ?$

A)3　　B)2　　C)1　　D)$\frac{10}{9}$　　E)$\frac{1}{2}$

3. $12! - x.(10!) = 130.(10!) \Rightarrow x = ?$

A)1　　B)2　　C)3　　D)4　　E)5

4. $\frac{x}{0.03} = y, 100 < y < 1000 \Rightarrow ? < x < ?$

A)3<x<10　　B)3<x<30　　C)3<x<100

D)10<x<30　　E)10<x<100

5. $\left.\begin{array}{l}\dfrac{x}{5} = \dfrac{y}{7} \\ \dfrac{5y}{3} = \dfrac{7x}{3} + z - 2\end{array}\right\} \Rightarrow z = ?$

A)0　　B)1　　C)2　　D)3　　E)4

6. $\dfrac{3y-1}{y^2-y} - \dfrac{2}{y-1} = \dfrac{3}{y} \Rightarrow (SS) = ?$

A){0}   B){1}   C){2}   D)∅   E){3}

7. $0.42 - 0.031 = 3.33 - t \Rightarrow t = ?$

A)0.3   B)0.7   C)1   D)2   E)3

8. $\dfrac{\dfrac{x}{2x-3} - \dfrac{4}{3-2x}}{4} = 4 \Rightarrow x = ?$
(denominators 4 and 3)

A)1   B)2   C)4   D)5   E)6

9. $\dfrac{1 + \dfrac{1}{x-1}}{1 - \dfrac{1}{x}} = 1 \Rightarrow x = ?$

A) $\dfrac{1}{2}$ B)-2   C) $-\dfrac{1}{3}$ D) $\dfrac{2}{3}$ E)4

10. $\dfrac{1}{1 - 1 + \dfrac{1}{x-1}} = 2 \Rightarrow x = ?$

A)-2   B)-1   C) $\dfrac{1}{2}$ D) $\dfrac{3}{4}$ E)4

11. $\dfrac{x - \dfrac{x}{0.2}}{0.3} + 36 = 0 \Rightarrow x = ?$

43

A)0.1   B)0.6   C)1   D)2   E)3

12. $\dfrac{1}{x+1}+\dfrac{1}{x-1}=\dfrac{x-3}{x^2-1}\Rightarrow x=?$

A)-3   B)-2   C)0   D)1   E)6

13. $\left(t^2-\dfrac{1}{x^2}\right):\left(t-\dfrac{1}{x}\right)=1\Rightarrow t=?$

A) $\dfrac{x-1}{x}$ B)x+1   C)$\dfrac{x}{x+1}$ D)$\dfrac{x-1}{x+1}$ D)4x

14. $\dfrac{8x^2}{x^3-a^3}:\dfrac{4x^2}{x^2+ax+a^2}=3\Rightarrow x=?$

A)a   B)$\dfrac{a}{2}$ C)a+2   D)2a+2   E)3a

15. $ax+b^2=a^2+bx\Rightarrow x=?$

A)a-b   B)a   C)$\dfrac{2b}{a}$ D)$\dfrac{a}{a-b}$ E)a+b

16. $\left(\dfrac{1}{x^2}-\dfrac{1}{a^2}\right):\left(\dfrac{1}{x}+\dfrac{1}{a}\right)=1\Rightarrow x=?$

A) a   B) 2a   C) $\dfrac{a}{a+1}$ D) $\dfrac{a-1}{a}$ E) $\dfrac{a+1}{a-1}$

17. $\dfrac{y}{2}+\dfrac{y}{3}+\dfrac{y}{4}=y-1 \Rightarrow y=?$

A) -24   B) -18   C) -15   D) -14   E) -12

18. $\dfrac{x^2-1}{x^2+2x-3}=2 \Rightarrow x=?$

A) -9   B) -5   C) -1   D) 4   E) 7

19. $4-(1-x)^2=(3-x)(3-x) \Rightarrow x=?$

A) 0   B) 1   C) 2   D) 3   E) 6

20. $\dfrac{x+1}{3}-\dfrac{3x-1}{5}=x-2 \Rightarrow x=?$

A) 1   B) 2   C) 3   D) 4   E) 5

21. $\left(\dfrac{2}{1-x}+\dfrac{3}{x+1}\right)^{-1}=-1 \Rightarrow x=?$

A) -4   B) -2   C) -1   D) 2   E) 3

22. $0.2x+0.02x=0.04x+18 \Rightarrow x=?$

A)1   B)10   C)100   D)110   E)1000

23. $\dfrac{1-0.2x}{3} = x - 0.3 \Rightarrow x = ?$

A)0.2   B)2   C)$\dfrac{25}{9}$ D)3.2   E)$\dfrac{18}{29}$

24. $\dfrac{1-x}{1-\dfrac{1}{x}} + \dfrac{x}{1+\dfrac{1}{x}} - \dfrac{1}{x+1} = \dfrac{x-6}{x} \Rightarrow x = ?$

A)-2   B)0   C)2   D)3   E)9

(Answers)					
1.E	2.D	3.B	4.B	5.C	6.D
7.E	8.E	9.A	10.C	11.E	12.A
13.A	14.E	15.E	16.C	17.E	18.B
19.B	20.B	21.D	22.C	23.E	24.D

1. $\dfrac{0.22}{x} = \dfrac{0.11}{0.12} \Rightarrow x = ?$

A) 0.24 B) 0.22 C) 0.18 D) 0.12 E) 0.11

2. $2-(2-(2-x))=x \Rightarrow x = ?$

A) -2 B) -1 C) 0 D) 1 E) 2

3. $\dfrac{x}{x-3} = \dfrac{x-2}{x-6} \Rightarrow x = ?$

A) -2 B) -3 C) -4 D) -5 E) -6

4. $\dfrac{2}{2+\dfrac{2}{2+\dfrac{2}{x}}} = 2 \Rightarrow x = ?$

A) $-\dfrac{1}{2}$ B) $-\dfrac{1}{4}$ C) $\dfrac{1}{4}$ D) $\dfrac{1}{2}$ E) 1

5. $\left. \begin{array}{l} 2x+4=0 \\ 3x-y+1=0 \end{array} \right\} \Rightarrow y = ?$

A) -7 B) -5 C) 0 D) 1 E) 2

6. $\begin{aligned}\frac{2}{a}+\frac{3}{b}&=3\\ \frac{4}{a}-\frac{3}{b}&=1\end{aligned}\Rightarrow a=?$

A) $\frac{2}{3}$ B) 1   C) $\frac{3}{2}$ D) $\frac{5}{2}$ E) 4

7. $\begin{aligned}2x+y-z&=8\\ x+2y+z&=4\end{aligned}\Rightarrow y+z=?$

A) -2   B) 0   C) $\frac{2}{5}$ D) $\frac{1}{2}$ E) 2

8. $(a-1)^2=(a-2)(a-4)\Rightarrow a=?$

A) -2   B) $-\frac{7}{4}$ C) $\frac{7}{4}$ D) 2   E) $\emptyset$

9. $\begin{aligned}2x+3y&=16\\ 2y+c&=8\\ 3x-c&=6\end{aligned}\Rightarrow 2x+y=?$

A) 10   B) 9   C) 8   D) 5   E) 1

10. $\frac{12}{x+a}+\frac{2}{x-5}-\frac{2}{x-6}=\frac{2}{3}$, $x=8\Rightarrow a=?$

A) 2   B) 3   C) 4   D) 5   E) 6

11. $\begin{aligned}-2x+3y-4z&=32\\ 3x-2y+5z&=24\end{aligned}\Rightarrow x+y+z=?$

A)28　　B)36　　C)42　　D)48　　E)56

12. $\begin{aligned} a + 10b + 14c &= 30 \\ a + 5b + 7c &= 32 \end{aligned} \Rightarrow a = ?$

A)30　　B)32　　C)34　　D)36　　E)40

13. $\dfrac{x+y+9}{x+y} = 10 \Rightarrow x = ?$

A)1+y　　B)1-y　　C)$\dfrac{1+y}{2}$　　D)$\dfrac{1+y}{9}$　　E)$\dfrac{1-y}{9}$

14. $3 - \dfrac{1}{2 + \dfrac{x}{1 - \dfrac{1}{2}}} = 2 \Rightarrow x = ?$

A)-2　　B)$-\dfrac{3}{2}$　　C)-1　　D)$-\dfrac{1}{2}$　　E)1

15. $\begin{aligned} \dfrac{x+y-4}{4} &= \dfrac{5}{4} \\ \dfrac{x-y+3}{3} &= \dfrac{4}{3} \end{aligned} \Rightarrow x = ?$

A)5　　B)6　　C)7　　D)8　　E)10

16. $\left.\begin{array}{l}5x-y+z=5\\2x+y-z=2\end{array}\right\} \Rightarrow 3x+2x-2y=?$

A)2　　　B)3　　　C)6　　　D)10　　　E)11

17. $\dfrac{4a-3}{2}=4-\dfrac{3a-2}{4} \Rightarrow a=?$

A)-15　　　B)-12　　　C)12　　　D)15　　　E)17

18. $\dfrac{1+\dfrac{x}{x+2}}{1-\dfrac{x}{x-2}}=1 \Rightarrow x=?$

A)-2　　　B)-1　　　C)0　　　D)2　　　E)3

19. $\left.\begin{array}{l}ax+b=-2\\a+bx=4\end{array}\right\} \Rightarrow x=?$

A)5x　　　B) $\dfrac{11x}{2}$　　　C)3+4x　　　D) $\dfrac{3}{x}$　　　E) $\dfrac{2}{x+1}$

20. $\left.\begin{array}{l}3x+y+z=28\\x+3y+z=25\\x+y+3z=22\end{array}\right\} \Rightarrow \dfrac{x+y}{z}=?$

A) $\dfrac{2}{7}$　　　B) $\dfrac{7}{23}$　　　C) $\dfrac{7}{2}$　　　D) $\dfrac{23}{7}$　　　E) $\dfrac{15}{7}$

21. $\left.\begin{array}{l}\dfrac{5}{x} - \dfrac{2}{y} = 7 \\ \dfrac{2}{x} - \dfrac{3}{y} = -6\end{array}\right\} \Rightarrow x + y = ?$

A) $\dfrac{5}{12}$ B) $\dfrac{1}{2}$ C) $\dfrac{7}{12}$ D) $\dfrac{2}{3}$ E) 2

22. $\left.\begin{array}{l}2a + 3b - 2c = 6 \\ a + b = c = 5\end{array}\right\} \Rightarrow a + 2b - c = ?$

A) -2   B) -1   C) 0   D) 1   E) 2

23. $\left.\begin{array}{l}2a + b = 3 \\ b + 3c = 5 \\ c - a = 7\end{array}\right\} \Rightarrow b = ?$

A) 25   B) 29   C) 33   D) 37   E) 41

24. $\left.\begin{array}{l}a.b = \dfrac{3}{2} \\ b.c = 12 \\ a.c = 2\end{array}\right\} \Rightarrow c = ?$

A) 3   B) 4   C) 5   D) 6   E) 7

(Answers)

1.A	2.D	3.E	4.A	5.B	6.C
7.B	8.C	9.C	10.C	11.E	12.C
13.B	14.D	15.A	16.A	17.B	18.C
19.E	20.D	21.C	22.D	23.E	24.B

www.ingramcontent.com/pod-product-compliance
Lightning Source LLC
Chambersburg PA
CBHW070857220526
45466CB00005B/2021